JN074575

動物はわたしたちの大切なパートナー

2

命を生産・利用する

—家畜の命を考える—

監修

広島大学大学院統合生命科学研究科教授

谷田 創

WAVE出版

はじめに

　家畜は、人の生活に役立つように飼いならされ、わたしたちに肉、乳、卵、毛、皮などの恵みをあたえてくれる動物たちです。ペットとはちがい、最終的にはわたしたちのために命をささげてくれます。また薬の開発など、医療や獣医療の発展のために命をささげてくれる実験動物もいます。

　家畜といえば、わたしが子どものころ、祖父が裏庭の小屋でニワトリを１０羽ほど飼っていたことを思い出します。幼稚園にいく前にえさやりと卵集めをするのがわたしの日課でした。家のまわりは畑や田んぼにかこまれており、道ばたにはいろんな草が生えていたので、それをもち帰り、包丁を使って小さくきざみ、米ぬかを加えてニワトリにあげていました。毎朝えさをもっていくと、ニワトリたちは全員興奮気味で、あっという間にたいらげてしまいました。

　そんなある日、幼稚園から帰ってニワトリ小屋をのぞくと、わたしが特にかわいがっていた１羽がいません。小屋からにげたのだと思い、家の近くの雑木林や畑もくまなくさがしましたがどこにも見つかりません。そばにいた祖母にニワトリのことを聞いても何も答えてくれません。不思議に思いながらも夕食になりました。テーブルを見ると鍋の用意がされています。なんとその日はトリ鍋でした。祖父はもうしわけなさそうに、あのニワトリがこのお肉になったことを話しました。子どものわたしにとってそれはあまりにも衝撃的で、その後、長いあいだお肉が食べられなくなってしまいました。

　それから何十年もたち、わたしは動物の勉強をする大学に入りま

した。そして最初に研究をしたのがニワトリでした。それから、ウシ（乳牛、肉牛）、ヒツジ、ブタなどの家畜の研究をし、今ではペットの動物や野生動物まで研究するようになりました。

今でもニワトリを見ると、あの１羽のニワトリのことを思い出しますが、家畜のお肉は平気で食べられるようになりました。ではなぜ子ども時代のわたしはあれほどショックを受けたのでしょうか。それは自分が友だちのようにかわいがっていた生き物がわたしたちの食べ物にすがたを変えていたからです。では、今はなぜ平気で食べられるのでしょう。それはわたしがおとなになったからでしょうか。それもあるかもしれませんが、これまでのさまざまな動物とのかかわりをとおして、人間がほかの生き物たちのおかげで生かされているということを強く感じるようになったからだと思います。

この本は、家畜についてさまざまな視点から学べるように工夫されています。じっくり読んで知識を得たら、次はみなさんが毎日食べている食事や、その食材にも目を向けていただき、今後の人と家畜との関係について考えてほしいと思います。

監修

広島大学大学院
統合生命科学研究科教授
谷田 創

もくじ

1 食べるために育てる家畜

2 家畜の命と向き合って育てる

3 さまざまに利用される動物の命

この本の使いかた

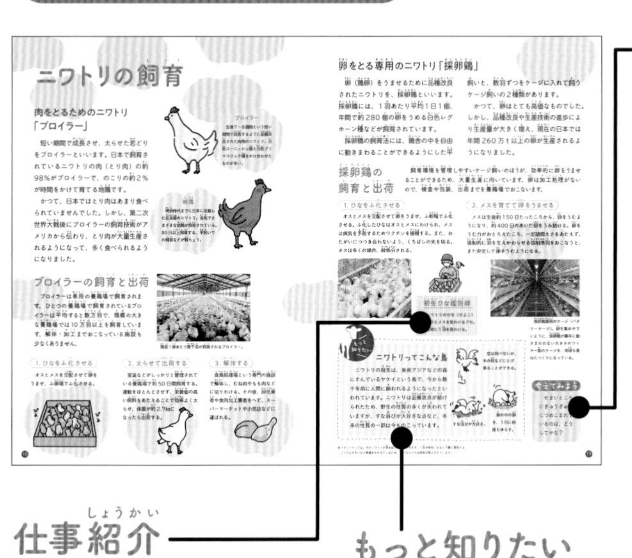

考えてみよう

それぞれのページのテーマを読み終えたら、自分はどう思うか考えてみましょう。まわりの人の考えも聞いてみましょう。

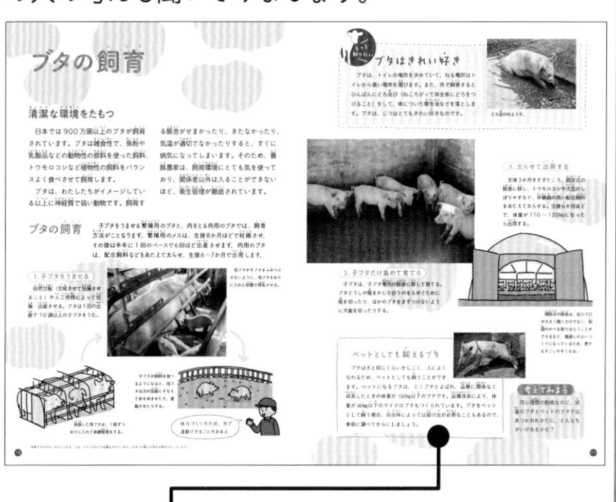

仕事紹介

動物に関連する仕事と、仕事の内容を紹介しています。

もっと知りたい

テーマにそった、よりくわしい内容や、関連することがらを解説します。

ミニコラム

テーマに関連した豆知識や情報を紹介します。

お肉には種類がたくさん！

ふしぎなんだけど…
？
国産より外国産の
お肉のほうが
安いね…なんで？

そうねぇ…外国は
土地が広くて、大きな農場で
たくさん育てているから、
安いお肉になるんじゃない？
？

お肉の加工も
工業製品をつくるみたいに
自動化されているって、
テレビで見たことがあるわ
え〜
お肉を？

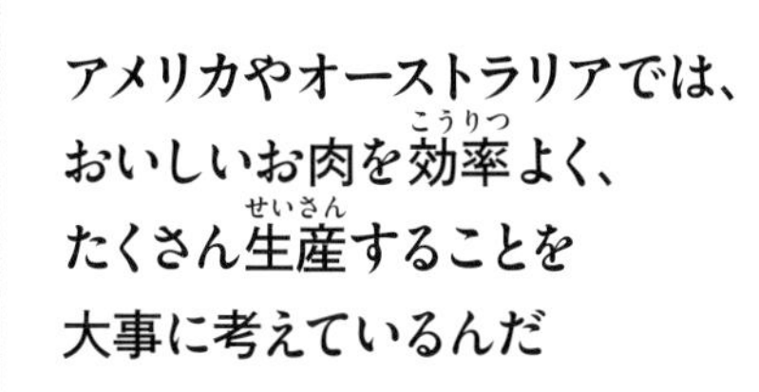
アメリカやオーストラリアでは、
おいしいお肉を効率よく、
たくさん生産することを
大事に考えているんだ

もともと牛は牧草を
食べるけど、早く大きく
させるために、栄養価の
高いトウモロコシなどの
穀物をえさにしているんだ
トウモロコシ
大豆

牛が食べるトウモロコシや
大豆も、大きな畑でたくさん
つくっているから、えさ代も
安くなるんだよ
いろいろな理由で
安くなっているんだね

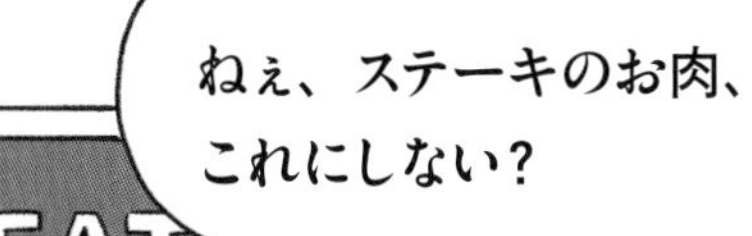
ねぇ、ステーキのお肉、
これにしない？

MEAT

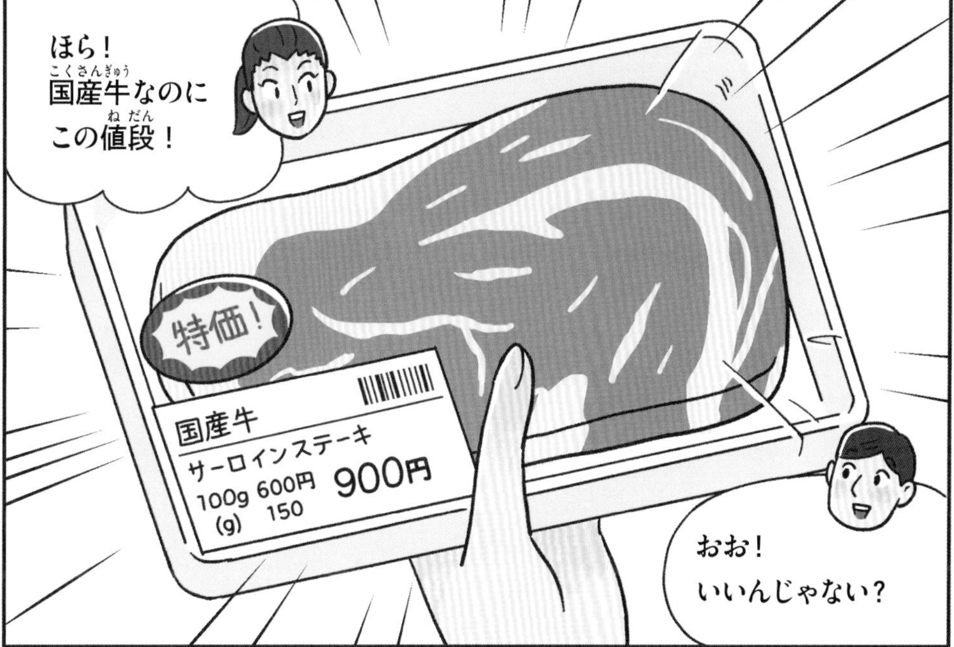
ほら！
国産牛なのに
この値段！
特価！
国産牛
サーロインステーキ
100g 600円
(g) 150
900円
おお！
いいんじゃない？

メイも
これでいい?
ん～…

これは? ほら!
「和牛」だって!
こっちのほうが
おいしそう!
和牛
和牛
サーロインステーキ
100g1700円
(g) 150
2550円
えー! 和牛!?
高いわよ～

ねえねえ
和牛って国産だよね?
国産牛と何が
ちがうの?
たしかに…何が
ちがうのかしら?
和牛というのは、
黒毛和種など
特定の牛の種類の
ことをさすんだよ

細かいあぶらも
入っていておいしいし、
値段もほかとくらべて
高いんだ
知ってる!
焼き肉屋さんの
メニューで
見たことある!
おいしいの
よねぇ～

国産牛というのは、
和牛以外の、国内で
生産された牛の
ことだよ
乳の出が悪くなった
乳牛や、肉用に育てた
オスの乳牛もふくまれるよ
そうだったんだ。
乳牛も食べちゃうのか…

スーパーで売っている
お肉なんて、値段や
味くらいしか
気にしなかったよ
いろんな場所で
いろんな方法で
育てられた牛が
お肉になっているのね…

命の重みを考えよう

牛も人間も同じ命をもつ動物。その命が大量生産されてスーパーマーケットの売り場にならんでいることを、どのように考えればよいのでしょう。みんなの意見を聞いてみましょう。

食べられるためにうまれてくるって
考えると、とてもむねが
いたくなるわ

お肉はおいしいから好きだよ。
でも、同じ命をいただくわけだから、
のこしたり、むだにしたりしては
いけないと思うよね

牛はお肉になる前は、
どんなふうに育てられていたのかしら?
のびのび育てられていたのなら
いいけど…

牛だけじゃなくて、
ブタやニワトリも
どんなふうに育てられているのか、
知りたいな

考えてみよう

みんなの考えを聞いて、どう思ったかな？　友だちやおうちの人の意見も聞いてみよう。

1 食べるために育てる家畜

スーパーマーケットに肉がならぶまで

屠畜場や食肉センターをへて流通する肉

肉は魚や野菜、果物とはことなり、生産者から出荷されてそのまま流通するわけではありません。生きた家畜は、屠畜場や食肉センターなどの施設で屠殺され、枝肉という大きな肉のかたまりや、それを細かく切りわけた部分肉になります。

病気にかかった家畜の肉が売られないように、屠畜場や食肉センターなどで、必ず品質検査をおこないます。安全性が確認されたうえで、市場や専門の取引業者などのもとに運ばれ、スーパーマーケットなどの小売店にならびます。

肉の流通

牛やブタは、必ず国や自治体に許可された屠畜場や食肉センターで屠殺され、枝肉や部分肉に切りわけられます。そのあと、食肉加工業者や精肉店に運ばれ、販売されます。

家畜を飼育し、十分な大きさにまで育てたら、家畜商や家畜市場、生産者団体などに出荷する。

飼料

日本では、家畜の飼料は、アメリカやブラジル、オーストラリアといった海外の国からの輸入にたよっている。

輸入業者

輸入業者は、農林水産省の許可を得て飼料の輸入をおこなう。おもに商社が中心となって、トウモロコシや、大豆のしぼりかすを大量に輸入し、農家に販売している。

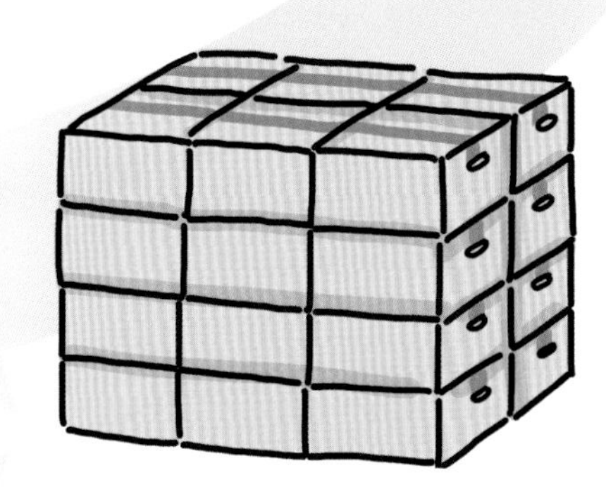

輸入肉

海外から大量に輸入され、販売される輸入肉も多い。

販売

スーパーや小売店などで販売する。わたしたちは、これらの肉やその加工品を買い、調理して食べる。

精肉・加工

食肉加工業者

肉を切りわけて、スーパーマーケットなどで売れるようにしたり（精肉）、ハムやベーコン、ソーセージなどの加工品をつくったりする。

枝肉は、食肉加工業者が骨やあぶら身をとって精肉にしたり、ハムやソーセージに加工したりする。内臓はいたみやすいため、おもに生産地に近い地域の焼き肉屋や焼き鳥屋などで消費される。

いろいろな人がかかわっているんだね！

せり人

せり（値段をだんだん上げていき、高い値段をつけた人が買う取引）を仕切る。

せり

家畜市場でのせりなどによって取引をおこない、屠畜場や食肉センターなどに出荷する。家畜市場をとおさず、家畜商やＪＡ（農業協同組合）、生産者団体などをとおして出荷する場合もある。最近は自動電子せり機を使うことが多い。

屠畜

牛やブタを、屠畜場や食肉センターなどで屠殺して、病気にかかっていないかを検査し、枝肉や部分肉にする。ニワトリは専門の食鳥処理場で解体する。骨は骨粉などに加工し、肥料などに利用する。

昔より肉をたくさん食べるようになった日本人

けものの肉を食べることを禁止された時代があった

大昔の人びとは、自分でシカやイノシシを狩って食べていました。

今から1400年前ころ、日本に仏教が伝わり、生き物を殺してはいけないという教えのもと、けものの肉を食べることが禁止されました。それから江戸時代まで、けものの肉は薬として食べることはあっても、ふだんの食事として肉を食べる習慣はなくなりました。

いっぽう、西洋では穀物の生産と牛やブタの飼育を組み合わせた農業が発展し、ふだんから肉を食べていました。

狩猟採集の時代

弓矢や落としあなを使って野生のシカやイノシシ、サル、タヌキなどをとらえて食べていた。

殺生・肉食の禁止

奈良時代に、殺生（生き物を殺すこと）を禁止した仏教の教えにのっとり、動物を食べることが禁止された。

肉食が禁止され、ふだんの食事で肉が食べられることはなくなったが、シカやイノシシ、キジなどの野生動物はこっそり食べていた。

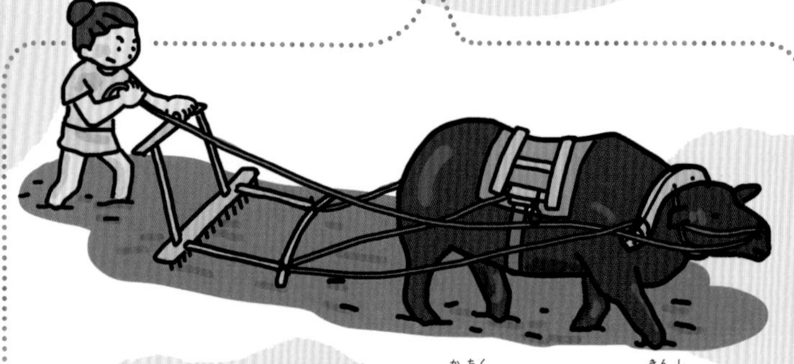

当時、牛や馬は農業にかかせない家畜だった。肉食の禁止には、これらの牛や馬を守るという意味もあった。

肉食が広まったのは明治時代から

江戸時代になっても、肉食は基本的に禁止されていました。しかし、健康のために薬として食べたり、家畜以外の野山でとったキジなどは食べたりしていました。

動物の肉が広く食べられるようになったのは明治時代からです。江戸幕府がたおれ、文明開化によって西洋から肉食の文化が入ってきたのです。とくに牛肉は人気が高く、「牛鍋（すき焼き風の料理）」を食べることが流行しました。

肉食の広まりにより、明治時代の中ごろから、日本でも近代的な牧場がつくられるようになり、畜産業がさかんになりました。

戦後に畜産が復活

第二次世界大戦中には、家畜のえさが不足し、生産が落ちこみました。戦後、食生活の西洋化により肉の消費量が増え、畜産技術の進歩や輸入肉の増加などが、その消費をささえました。とくに、安い輸入飼料や輸入肉は、肉食が広まる大きなきっかけになりました。しかし、日本の畜産業は、家畜の飼料のほとんどを海外からの輸入にたよるようになってしまいました。

戦争中は、牛やブタにえさをあげられなかったし、軍隊の食料用にどんどん屠殺したから、ずいぶんと家畜の数が減ってしまったんだ

薬として飲まれていた牛乳

インドから白い牛を3頭取りよせたのだ

江戸時代、牛乳は薬として飲まれていた。8代将軍徳川吉宗は乳牛を輸入して乳をとり、「白牛酪」という乳製品をつくらせたという。これが日本の近代酪農のはじまりという説もある。

文明開化で牛鍋が流行

当時の日本人は牛肉を食べなれていなかったので、肉のくさみを消すために、しょうゆやみそで煮こんだ料理にした。

肉食の広まり

明治時代の中ごろに、カツレツ（トンカツ）やライスカレーなど、西洋の肉料理を日本風にアレンジした洋食が広まった。

明治時代後半には牛肉をしょうゆなどで煮た大和煮の缶詰ができ、軍隊の携行食としても人気が出た。

肉を食べさせる屋台の登場

第二次世界大戦後、食べ物が不足するなか、牛の内臓（ホルモン）を焼いて売る屋台が登場した。その後、今の焼き肉屋や焼き鳥屋へと発展していく。

牛の飼育

品種改良してつくられた、牛乳をとる牛と肉をとる牛

畜産業で飼育する牛は、おもに生乳（しぼりたてで何の処理もしていない乳）をとる品種の乳牛と、おもに肉をとる品種の肉牛にわけられます。

乳牛は、おいしい生乳をたくさんとることができるように品種改良された、ホルスタイン種やジャージー種などです。

肉牛には、おいしい肉をとることができるように、日本に古くからいる品種をもとに品種改良した和牛のほか、オスの乳牛や、乳牛と肉牛の交雑種などが利用されています。なかでも手間をかけて育てられた和牛の肉は、世界的に人気があります。

乳牛の飼育

都市近郊では、多くの場合、牛を1頭1頭つないで育てるストール牛舎で飼育します。土地が広く飼育頭数が多い地域では、牛が自由に歩きまわれるフリーストール牛舎（→26ページ）が中心で、放牧場をもつ施設もあります。

1. 子牛をうませる

メス牛に人工授精をして妊娠させる。うまれた子牛は、最初の1週間ほどは母親の乳で育て、そのあとは人工乳（粉ミルク）をあたえる。オスの子牛は肉牛の農家に売られる。

2. 成長させて妊娠させる

生後6週間ほどで、えさを粗飼料と濃厚飼料に切りかえる。約15か月育てたら人工授精して、約280日の妊娠期間ののち子牛がうまれる。

粗飼料

ほし草や稲わら、サイレージ（牧草を発酵させたもの）など。せんい質の多い、牛本来の食べ物。

濃厚飼料

トウモロコシなどの穀類、大豆のしぼりかすなど。たんぱく質やでんぷんなどの栄養価の高い飼料。

3. 牛乳をとる

出産後、約300日のあいだ乳が出るようになる。乳をしぼる期間が終わると、次の出産にそなえて2か月ほど休ませる。年に1回出産できるようにするため、乳を出しているあいだに人工授精をおこなう。5～6歳で乳の出が悪くなると、肉用として出荷される。

自動で搾乳（乳をしぼること）をする、搾乳ロボットを導入している牧場もある。

※メスの体内にオスの精子を入れる人工授精のほか、先に受精させた受精卵をメスの体内に入れる受精卵移植もおこなわれています。

肉牛の飼育

肉牛を飼育する畜産農家には、子牛を出産させて一定期間育てる繁殖農家と、その子牛を買い取り大きく育てて出荷する肥育農家とがあります。最近は、繁殖から肥育までを一貫しておこなっている畜産農家もあります。

1. 子牛をうませる

繁殖農家で、すぐれた肉質のオス牛の精子をメス牛に人工授精して子牛をうませる。子牛に角がはえてきたら、ほかの牛や人をきずつけないように、角を切る。オスの子牛は、やわらかい肉質にするため、手術で睾丸をとる去勢をおこなう。

うまれた子牛は、生後9か月まで繁殖農家で育てる。多くの場合、母乳から人工乳に切りかえる。離乳後は、飼料をあたえて育てる。

2. せりで肥育農家に売る

オスは生後9か月まで育てたのち、家畜市場へ出荷する。せりにかけて、肥育農家に売る。

3. 太らせて出荷する

肥育農家で2年ほどかけて太らせる。成長に合わせて飼料の配合を調整し、おいしい肉質になるようにする。目標の体重になったら、屠畜場や食肉センターに出荷する。

多くの場合、肉牛は牛舎の中で、濃厚飼料をたくさんあたえられて育てられる。

草を肉やミルクに変える牛

牛には4つの胃があります。食べたえさが最初に入る第1胃には、植物のせんいを発酵させ分解する微生物がすんでいます。植物を分解する微生物をほとんどもたない人間は、植物のせんいのうち約5%しか消化できませんが、牛はこの微生物のおかげで、約50～80%を消化することができます。

この微生物のおかげで、牛は植物を効率よく消化・吸収し、肉や乳のもとになる栄養にしているのです。

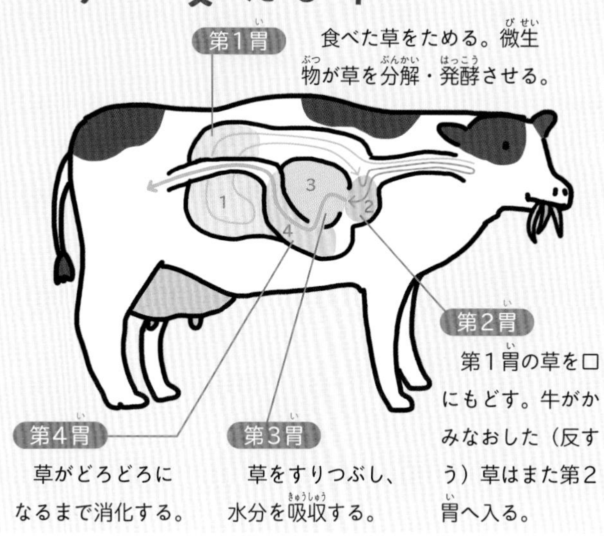

ブタの飼育

清潔な環境をたもつ

日本では900万頭以上のブタが飼育されています。ブタは雑食性で、魚粉や乳製品などの動物性の原料を使った飼料、トウモロコシなど植物性の飼料をバランスよく食べさせて飼育します。

ブタは、わたしたちがイメージしている以上に神経質で弱い動物です。飼育する豚舎がせまかったり、きたなかったり、気温が適切でなかったりすると、すぐに病気になってしまいます。そのため、養豚農家は、飼育環境にとても気を使っており、関係者以外は入ることができないほど、衛生管理が徹底されています。

ブタの飼育

子ブタをうませる繁殖用のブタと、肉をとる肉用のブタでは、飼育方法がことなります。繁殖用のメスは、生後8か月ほどで妊娠させ、その後は半年に1回のペースで6回ほど出産させます。肉用のブタは、配合飼料などをあたえて太らせ、生後6～7か月で出荷します。

1. 子ブタをうませる

自然交配（交尾させて妊娠させること）や人工授精によって妊娠・出産させる。ブタは1回の出産で10頭以上の子ブタをうむ。

母ブタが子ブタをふみつぶさないように、母ブタをおりに入れた状態で授乳させる。

子ブタが飼料を食べるようになると、母ブタは次の出産にそなえて体を休ませたり、運動させたりする。

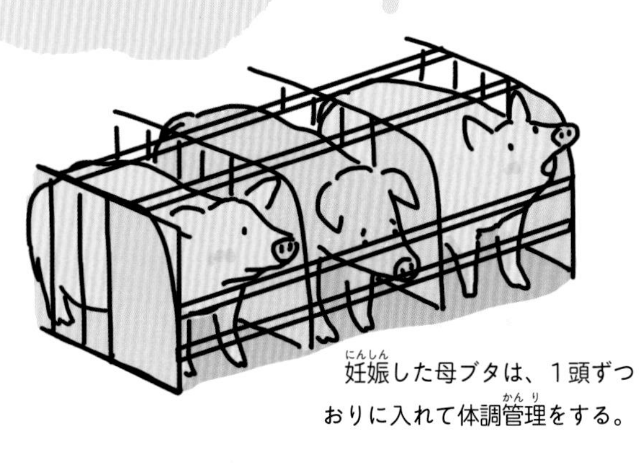

妊娠した母ブタは、1頭ずつおりに入れて体調管理をする。

※母ブタをせまいおりに入れることは、アメリカなどでは廃止されています。日本でも廃止を求める声が上がっています。

ブタはきれい好き

ブタは、トイレの場所を決めていて、ねる場所はトイレから遠い場所を選びます。また、外で飼育するとひんぱんにどろ浴び（ねころがって体全体にどろをつけること）をして、体についた寄生虫などを落とします。ブタは、じつはとてもきれい好きなのです。

どろ浴びのようす。

2. 子ブタだけ集めて育てる

子ブタは、子ブタ専用の豚舎に移して育てる。ブタどうしが尾をかじり合うのをふせぐために尾を切ったり、ほかのブタをきずつけないように犬歯を切ったりする。

3. 太らせて出荷する

生後3か月をすぎたころ、開放式の豚舎に移し、トウモロコシや大豆のしぼりかすなど、栄養価の高い配合飼料をあたえて太らせる。生後6か月ほどで、体重が110～120kgになったら出荷する。

開放式の豚舎は、出入り口が大きく開くだけでなく、側面のかべも取りはらうことができるなど、風通しのよいつくりになっているため、夏でもすごしやすくなる。

ペットとしても飼えるブタ

ブタは犬と同じくらいかしこく、人によくなれるため、ペットとしても飼うことができます。ペットになるブタは、ミニブタとよばれ、品種に関係なく成長したときの体重が100kg以下のブタです。品種改良により、体重が40kg以下のマイクロブタもつくられています。ブタをペットとして飼う場合、自治体によっては届け出が必要なこともあるので、事前に調べてからにしましょう。

考えてみよう

同じ種類の動物なのに、家畜のブタとペットのブタでは、あつかわれかたに、どんなちがいがあるかな？

ニワトリの飼育

肉をとるためのニワトリ「ブロイラー」

短い期間で成長させ、太らせた若どりをブロイラーといいます。日本で飼育されているニワトリの肉（とり肉）の約98％がブロイラーで、のこりの約２％が時間をかけて育てる地鶏です。

かつて、日本ではとり肉はあまり食べられていませんでした。しかし、第二次世界大戦後にブロイラーの飼育技術がアメリカから伝わり、とり肉が大量生産されるようになって、多く食べられるようになりました。

ブロイラー

生後７～８週間という短い期間で成長するように品種改良された肉用のニワトリ。白色コーニッシュ種と白色プリマスロック種をかけ合わせたものが多い。

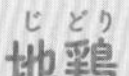

地鶏

明治時代までに日本に定着した在来種のニワトリ。各地でさまざまな地鶏が飼育されている。80日以上飼育する、平飼いでの飼育などが特ちょう。

ブロイラーの飼育と出荷

ブロイラーは専用の養鶏場で飼育されます。ひとつの養鶏場で飼育されているブロイラーは平均すると数万羽で、規模の大きな養鶏場では10万羽以上を飼育しています。解体・加工までおこなっている施設も少なくありません。

鶏舎１棟あたり数千羽が飼育されるブロイラー。

1. ひなをふ化させる

オスとメスを交配させて卵をうませ、ふ卵場でふ化させる。

2. 太らせて出荷する

室温などがしっかりと管理されている養鶏場で約50日間飼育する。運動をほとんどさせず、栄養価の高い飼料をあたえることで効率よく太らせ、体重が約2.7kgになったら出荷する。

3. 解体する

食鳥処理場という専門の施設で解体し、むね肉やもも肉などに切りわける。その後、卸売業者や食肉加工業者をへて、スーパーマーケットや小売店などに運ばれる。

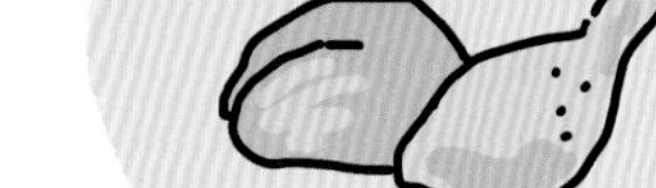

卵をとる専用のニワトリ「採卵鶏」

卵（鶏卵）をうませるために品種改良されたニワトリを、採卵鶏といいます。採卵鶏には、１羽あたり平均１日１個、年間で約 280 個の卵をうめる白色レグホーン種などが飼育されています。

採卵鶏の飼育法には、鶏舎の中を自由に動きまわることができるようにした平飼いと、数羽ずつをケージに入れて飼うケージ飼いの２種類があります。

かつて、卵はとても高価なものでした。しかし、品種改良や生産技術の進歩により生産量が大きく増え、現在の日本では年間 260 万ｔ以上の卵が生産されるようになりました。

採卵鶏の飼育と出荷

飼育環境を管理しやすいケージ飼いのほうが、効率的に卵をうませることができるため、大量生産に向いています。卵は加工処理がないので、検査や包装、出荷までを養鶏場でおこないます。

1. ひなをふ化させる

オスとメスを交配させて卵をうませ、ふ卵場でふ化させる。ふ化したひなはオスとメスにわけられ、メスは病気を予防するためワクチンを接種する。また、おたがいにつつき合わないよう、くちばしの先を切る。オスは多くの場合、殺処分される。

2. メスを育てて卵をうませる

メスは生後約 150 日たったころから、卵をうむようになり、約 400 日のあいだ卵をうみ続ける。卵をうむ力がおとろえたころ、一定期間えさをあたえず、強制的に羽を生えかわらせる強制換羽をおこなうと、また安定して卵をうむようになる。

初生ひな鑑別師

ニワトリのひな（ひよこ）のオスとメスを見わけるプロ。約3秒に１羽を見わける。

採卵鶏専用のケージ（バタリーケージ）。卵を集めやすいように、採卵鶏が勝手に動きまわれない大きさのワイヤー製のケージを、何段も重ねたつくりになっている。

もっと知りたい

ニワトリってこんな鳥

ニワトリの祖先は、東南アジアなどの森にすんでいるヤケイという鳥で、今から数千年前に人間に飼われるようになったといわれています。ニワトリは品種改良が続けられたため、野生の性質の多くが失われていますが、すな浴びが大好きな点など、本来の性質の一部は今ものこっています。

空は飛べないが、木の枝などにとび乗ることができる。

すな浴びが大好き。

巣の中の卵を、１日に何度もゆらす。

考えてみよう

せまいところにぎゅうぎゅうにつめこまれているのは、どうしてかな？

※バタリーケージは、中のニワトリが羽を広げることができず、１羽が病気になると大量に感染するリスクも大きいなど問題をかかえているため、ヨーロッパでは使用が禁止されています。

家畜の大量生産が地球環境にあたえる影響

肉の大量生産が引き起こす環境問題

第二次世界大戦後の1950年代以降、世界の人口は増え続けてきました。1950年には約25億人だった世界の人口は、2021年現在では80億人近くにもなっています。

同時に、日本をふくめた世界中で、食肉の消費量が増え続けてきました。現在、世界で食べられている肉の量は2億t以上です。

これらの肉を生産する活動は、環境にさまざまな影響をあたえます。近年、肉の生産による環境の破壊が、大きな問題となっています。

地球温暖化につながる

家畜から出される温室効果ガス（二酸化炭素やメタンガスなど、地球温暖化を引き起こすガス）は、世界中で出される温室効果ガス全体の約14%をしめている。

牛のゲップには、多くのメタンガスがふくまれている。

たくさんの穀物やマメ類を消費する

1kgの牛肉を生産するためには、25kgの穀物が必要といわれている。世界でもっとも多く生産されているマメ類である大豆は、世界の生産量のほとんどが家畜の飼料となっている。

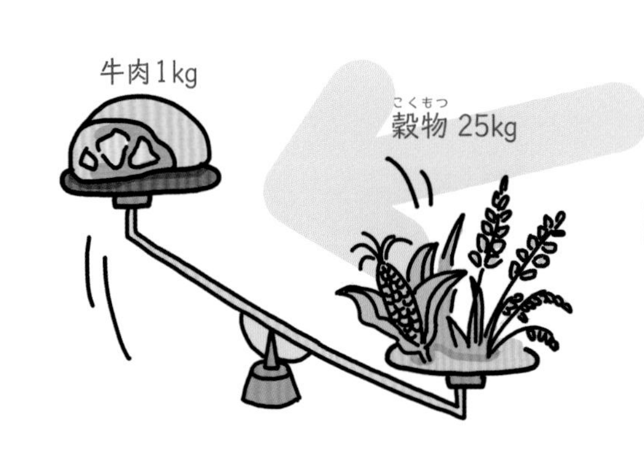

土や水に影響をあたえる

家畜の飼料となる作物を効率よく栽培するため、多くの化学肥料が使われている。これらの化学肥料によって、土にふくまれる成分のバランスがくずれ、土が植物を育てる力がおとろえている。また、化学肥料による海や川の汚染も問題となっている。

ブラジルの大豆畑。広大な土地で1種類の作物を大規模に栽培するプランテーションとよばれる方法により、世界中で大豆が栽培されている。農地を広げるために、森林を切り開くことも多い。

考えてみよう

畜産による環境破壊をくい止めるために、わたしたちにできることはあるかな？

森林を減少させる

家畜を放牧したり、家畜の飼料となる作物をつくったりするために、大量の木が切られ、森林が消えている。

生物多様性が失われる

この50年間で、野生動物の数は約7割も減ってしまった。その原因の多くは、森林が減ったためといわれている。

陸上のほ乳類の数のバランス

- 家畜 60%
- 人間 36%
- 野生動物 4%

バランスおかしくない？

イスラエルの科学者がアメリカの学術誌に発表したデータをもとにしたグラフ。

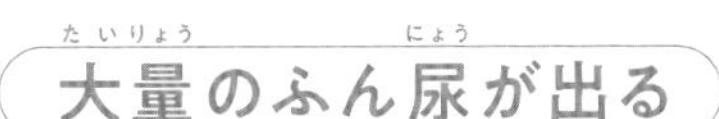

大量のふん尿が出る

家畜が出すふんや尿は、昔はたい肥として利用していた。作物を化学肥料で育てるようになったため、家畜のふん尿は廃棄物となってしまった。

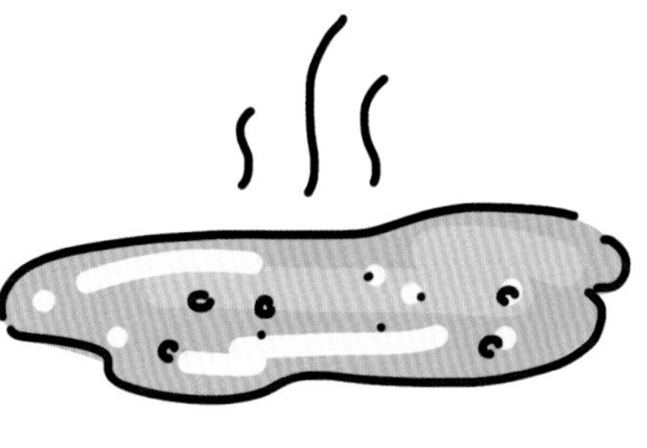

水を使いすぎる

1kgの牛肉をつくるために、約2万Lもの水が使われる。アメリカでは、家畜の飼育や飼料となる作物を育てるために大量の水を使ったため、地下水が減っている。

家畜の伝染病

わたしたち人間と同じように、家畜も病気にかかります。せまい場所で多くの家畜を飼育していると、一部の家畜がウイルスや細菌などによって伝染病にかかったときに、あっというまに全体に広がってしまいます。

畜産農家では、畜舎を出入りする人のくつを消毒したり、ウイルスをもっているかもしれない野生動物が入ってくるのをふせいだり、さまざまな対策をとっています。伝染病が海外で流行した場合には、その国や地域からの畜産物やほし草の輸入が禁止されます。また、国内で発生した場合には、飼育場所への人びとの立ち入りや、家畜の移動などがきびしく制限されます。

鳥インフルエンザ

A型インフルエンザウイルスが原因で起こる鳥の伝染病で、野鳥からニワトリにうつることがある。なかでも高病原性鳥インフルエンザにかかると、高い確率で死んでしまう。まれに人間にうつることもある。

1羽が感染したら、鶏舎にいるすべてのニワトリが殺処分される。

口蹄疫

口蹄疫ウイルスが原因となり、牛やブタなど、ひづめのある動物がかかる。人間にはうつらないが、動物どうしの感染力がとても強い。家畜が子どもの場合は、感染した約半数が死ぬといわれている。

口の中やひづめのつけねに水ぶくれができ、熱が出たり、食欲がなくなったりする。感染した場合、畜舎にいるすべての牛やブタが殺処分される。

豚熱（豚コレラ）

豚コレラウイルスによって、ブタとイノシシが感染する。内臓から出血したり、食欲がなくなったりして、死ぬ確率も高い。人間にはうつらないが、動物どうしの感染力がとても強い。

感染した野生のイノシシのふんなどから、家畜のブタに感染するおそれがある。感染が発見された場合、同じ豚舎のブタはすべて殺処分される。

えさが原因だった狂牛病

1986年イギリスで、家畜の牛のなかで、ふらついたり、奇妙な鳴き声を上げたりして、最後には死んでしまうという病気が広まりました。原因は、えさにまぜられていた肉骨粉（家畜の骨を粉にしたもの）に入っていた病原体でした。この病気はＢＳＥ（牛海綿状脳症）と名づけられ、狂牛病とよばれるようになりました。

狂牛病の流行は、肉骨粉の使用を禁止したことでおさまりました。この事件は、人間が家畜を効率よく育てようとするあまり、草食動物の牛に肉骨粉をあたえたことへの反省をうながすこととなったのです。

脳がスポンジ状になってしまう。

次は牛乳を
買わなきゃ
あっちに
あるよ

これにしましょ
いらっしゃいませ
MILK
本日
限り!
アニマル
ウエルフェア
認定商品
ん?

このマーク…
何だろう?
いつつば
牛乳
アニマル
ウェルフェア
認定商品?

家畜にとって、ストレスが
できるだけ少ない環境で、
健康的に育てたという
証明をするマークなんですよ
ストレス?
どんなストレスが
あるんですか?

たとえば、飼育スペースが
きたなかったり、せまかったりすると、
家畜もストレスを感じて、
健康状態が悪くなる
ことがあるんです
ぎゅう ぎゅう
そうなん
ですか…

病気やケガから
守ることも、
大切ですよね
そうですね。
家畜たちの健康状態を
注意深く見守ることも
大事です

アニマルウェルフェアの認定には
さまざまな基準がありますが、
家畜をできるだけストレスなく
愛情をもって育てるという
考えかたが基本なのです
牛も家族

ストレスだらけの牛と
ストレスのない牛の
ミルクなら、どっちが
飲みたい?
それはストレスの
ない牛のほうかな…

大切なお乳をわけて
くれているんだもんね!
いつつば
牛乳
ほかの牛乳と、
味がちがうのかな?
飲んでみたい!

2 家畜の命と向き合って育てる

家畜にとって心地よい環境で育てる

アニマルウェルフェアを考えた畜産へ

アニマルウェルフェア（動物福祉）とは、「動物が生きていくために必要な要求をみたし、心地よく健康にくらす」ための考えかたです。現在、多くの家畜は動物としての行動の自由をうばわれた状態で飼育されています。このような状態から動物を解放する考えとして、1960年代にイギリスでうまれました。

5つの自由

- 飢えや渇きからの自由
- いたみ・けが・病気からの自由
- 恐怖や不安からの自由
- 本来の行動ができる自由
- 不快からの自由

アニマルウェルフェアでは、上の「5つの自由」を求めています。アニマルウェルフェアを考えて飼育することで、家畜が体も心も健康になり、健康的な肉や牛乳、卵などを生産していくことにつながります。

アニマルウェルフェアを考えた牛の飼育

せまいおりや首を固定する器具などを取りはらうなど、牛がのびのびとすごせるように牛舎を整えるほか、あたえるえさの質をよくすることも大切です。

牛が快適にすごせる環境にすれば、病気にかかることも少なくなるよ

食べ物

〈飢えや渇きからの自由〉

新鮮で品質のよい食べ物や水をあたえる。濃厚飼料だけでなく粗飼料（→14ページ）を適切な量あたえる。放牧の場合は、牧草の品質にも注意する。

牛の管理

〈いたみ・けが・病気からの自由〉
〈恐怖や不安からの自由〉

角切りをおこなうときや、オスを去勢（→15ページ）するときは、牛にいたみをあたえないよう、麻酔をするなど工夫する。

飼育環境

〈不快からの自由〉

牛の健康をたもつために、牛舎の風通しをよくしたり、室温や湿度を適切に管理したり、快適な飼育環境をつくる。

アニマルウェルフェアを考えたブタの飼育

ブタはとてもデリケートで、環境の変化にも敏感です。清潔で、自由に動けるスペースがある環境で飼育することが望ましいとされています。

急な音におどろいてあばれると、けがをすることもあるから、おどろかさないように気をつけているよ

食べ物

〈飢えや渇きからの自由〉

適切なえさや水をあたえる。けんかをしないで落ち着いて食べられるように、えさのあたえかたを考える。

ブタの管理

〈いたみ・けが・病気からの自由〉

〈恐怖や不安からの自由〉

犬歯や尾を切る（→ 17ページ）ときや、オスを去勢するときは、いたみを感じないよう、麻酔をするなど工夫する。

飼育環境

〈不快からの自由〉

〈本来の行動ができる自由〉

自由に動きまわったり、習性に合わせて地面をほり起こしたりできるような豚舎にする。風通しや室温を適切に管理する。

アニマルウェルフェアがなかなか広まらない理由

現在の日本では、アニマルウェルフェアを考えた畜産は、あまりさかんとはいえません。その理由は、アニマルウェルフェアを広く知ってもらうための機会が少ないことや、アニマルウェルフェアを考えた飼育に切りかえるには手間や時間がかかるからです。

また、こうした畜産物は値段が高くなるため、消費者がより安い商品を求めることも、大きな障害となっています。

価格
5～6倍

アニマルウェルフェアを考えて飼育された地鶏は、飼育に時間がかかるため、価格がブロイラーの5～6倍になる。

地鶏

アニマルウェルフェアは、家畜にとってはいいことだけど、商品の値段が高くなるということでもあるんだよ

考えてみよう

アニマルウェルフェアを考えた商品を選んでもらうためには、どうしたらいいかな？

アニマルウェルフェアを考えた家畜の飼育

家畜が幸せにくらせる環境での飼育

世界中の動物の健康やアニマルウェルフェアの向上をめざす国際獣疫事務局（ＯＩＥ）では、2004年にアニマルウェルフェアの原則を採択し、2010年代にはさまざまな家畜の飼育にかんする決まりがつくられました。

日本でも、2010年代からアニマルウェルフェアの考えかたを取り入れた新しい飼育方法が少しずつ広がっています。家畜が幸せにくらせるよう、飼育環境を工夫する農家の取り組みを紹介します。

牛がゆっくり休めるようにする

広い牧草地に牛を放牧し、自然の草を食べてすごさせることで、ストレスを感じずにくらすことができる。また、牛舎での飼育においても、牛をロープなどでつながず、自由に歩きまわれるようにしたフリーストール牛舎での飼育もおこなわれるようになっている。

肉牛の放牧のようす（佐賀県）。牛たちは広い牧草地を自由に歩きまわったり、牧草を食べたりする。

フリーストール牛舎でくらす乳牛（北海道）。牛の体を清潔にたもつために、牛舎のそうじの回数を増やすなどの工夫をしている。

牛がリラックスして休みながら、反すう（→ 15 ページ）をすることが大切なんだよ

すごしやすい豚舎

仕切りを取りはらった広々とした豚舎。ブタが好きなだけ鼻でほり返すことができるよう、床にもみがらやおがくずなどのやわらかい素材がしかれている。

やわらかい素材のしかれた豚舎（秋田県）。肥育されているブタたちは、自分のお気に入りの場所で快適にすごしている。

平飼いのニワトリ

採卵用のニワトリをケージに入れず、自由に運動できるように地面に放して飼育する。止まり木にとび乗ったり、地面をくちばしでつついてえさをさがしたり、ニワトリ本来の行動ができる。

止まり木を設置して、ニワトリが自由にとび乗ることができるようにした鶏舎（大分県）。

家畜の健康をささえる獣医さん

獣医のなかでも、家畜の診療をおこなう家畜専門の獣医師がいます。家畜の妊娠・出産の管理やワクチン接種、牧場の衛生管理のほか、家畜の状態に合わせた飼料の配合の指導もしています。

畜産農家を訪問して、牛の診察をするようす。ふだんから1頭1頭の状態を確認し、健康にすごせるように気を配る。

考えてみよう

家畜が幸せにくらせるような飼育をもっと広めるには、どうしたらいいかな？

牛も人も幸せになる山地酪農

山の斜面でのんびりと草を食べる牛たち。

自然にまかせて牛を育てる

岩手県にあるなかほら牧場では、牛が1年中24時間、山でくらす「山地酪農」をおこなっています。牛たちは朝と夕方、山を下りて乳をしぼってもらいにくるほかは、自由に山の草や木の葉を食べたり、山でゆっくり休んだりしてすごしています。そのため、なかほら牧場には牛舎がありません。

牛が山に生える草や木の葉を食べ、地面をふみかためると、やがて野シバがはえてきて自然の牧場ができます。野シバは地面に深く根をはるため、山の斜面を強くします。牛が出すふんや尿は、山の草や木の養分になり、草や木が元気に育ちます。

なかほら牧場では、人工授精をしたり、健康な牛の角を切ったり、配合飼料をあたえるといった、牛にとって不自然なことはおこないません。繁殖も自然にまかせ、牛たちは自分の力で出産し、乳を飲ませて子牛を育てます。また、牛たちは山を歩きまわっているため、足腰がじょうぶで、ほとんど病気にかかることがありません。

健康な牛からおいしい牛乳をいただく

昔は、牛は山や野に放ち、自然の草を食べさせて育てました。牛乳も高級品で、たまにしか飲めないものでした。しかし、戦後数十年のあいだに、牛は牛舎でつないで飼うもの、牛乳は大量生産されスーパーマーケットで安く買うものになってしまいました。せまい牛舎にとじこめられた牛は、健康に育ちにくくなります。

なかほら牧場では、子牛は母親のお乳を飲んで育ち、人間はそののこりをわけてもらいます。そのため、1頭の乳牛からとれる牛乳は、一般的な乳牛にくらべて4分の1から6分の1です。少ししかとれないため、牛乳の値段が高くなってしまいます。だからといって、牛乳の量を増やすためのえさをあたえることはしません。牛が健康で幸せであることが、人の健康や幸せにつながると考えているからです。

牛は野シバだけでなく、山の植物をなんでも食べる。毒のある植物は自分でさけるので心配はいらない。

山を流れる沢の水を飲む牛。きれいな水を飲むことで、おいしい牛乳ができる。

持続的な畜産をめざす

自然のサイクルを大切に

昔は家畜のふんや尿を農作物の肥料として利用していましたが、化学肥料の普及とともにあまり使われなくなりました。また、家畜の飼料は多くが濃厚飼料（→14ページ）に置きかわり、その原料となる穀物のほとんどを輸入にたよっています。

このような農業のありかたに疑問をもち、自然のなかで物質を循環させるサイクルをふたたびつくろうとする取り組みが始まっています。家畜のふんや尿をたい肥に変え、そのたい肥と太陽の恵みで作物や牧草を育て、牧草や飼料を家畜が食べ、人間が家畜から牛乳などをわけてもらう…。自然のサイクルを大切にした、環境に負担のかからない持続的な畜産が広まることが期待されています。

持続的な飼育と生産

家畜の飼育と農作物の生産を、自然に合ったサイクルでおこない、将来的には国産の飼料でまかなえるようにするための取り組みがおこなわれています。

家畜を飼育する

家畜が、牧草や、化学肥料にたよらない作物でつくられた安全な飼料を食べて育ち、ふんや尿を出す。

飼料の自給率が低い日本

現在の日本では、家畜の飼料は多くを輸入にたよっています。家畜の飼料のうち、ほし草やわらなどの粗飼料は約80％が国産ですが、濃厚飼料の原料であるトウモロコシなどは約90％が輸入品です。両方を合わせても、家畜の飼料の自給率は25％にしかなりません。このような状況では、もしも輸入がとだえてしまったら、日本の畜産業が続けられなくなってしまうおそれがあります。

国産
25%

輸入
75%

飼料の自給率（2019年度）

出典：「令和2年度 食料・農業・農村白書」（農林水産省）

ふんや尿をたい肥に加工する

家畜の出したふんや尿を資源として利用し、たい肥などに加工する。

牛ふんからつくられたたい肥。農作物が育つために必要な窒素やリンなどの成分が、豊富にふくまれている。

農作物や牧草を育てる

家畜のふんや尿からつくった肥料で農作物や牧草を育てる。資源を有効に使うことができると同時に、化学肥料による土壌汚染をふせぐことができる。

牛ふんのたい肥を使ってイネを育てる（千葉県）。写真は、牛の飼料にするため、収穫後の稲わらを集めているようす。

飼料をつくる

家畜のふん尿を利用したたい肥を使ってつくった牧草や、食品ののこりなどを、家畜の飼料として利用する。

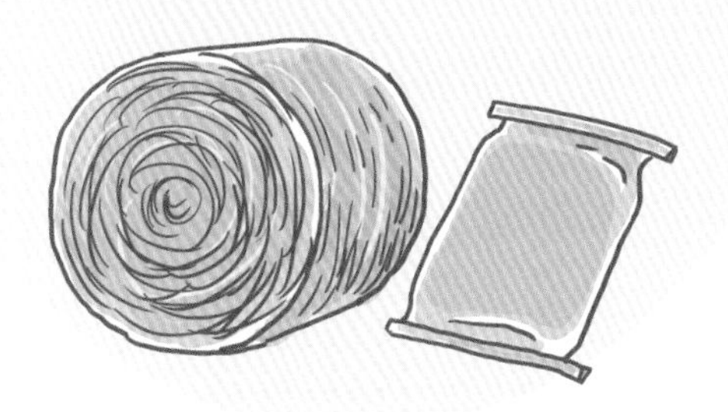

食品工場ののこりものを利用

食品工場などから出る野菜くずなどを加工して家畜の飼料にする。家庭から出る生ごみを飼料として利用する取り組みもおこなわれている。

考えてみよう

家畜にも人間にもやさしい畜産を続けるために、どんなことができるかな？

命をいただく責任を考える

ふだん食べているものがどこから来たか知ることが大切

肉を食べるということは、家畜の命をいただくということです。わたしたちは、その肉が「いつ、どこで、だれによってつくられたのか」を知り、命をいただくことについて責任をもつことが大切です。

牛肉については、法律によって、その牛がいつどこで飼育されていたのかを消費者に知らせなければならないと決められています。このように、肉の情報を知ることができる仕組みを、トレーサビリティといいます。とり肉やブタ肉についての法律はまだありませんが、一部ではこの仕組みを取り入れ始めています。

個体識別番号

商品のパッケージに、生産者情報がわかる個体識別番号がついている。QRコードがついているものもあり、スマートフォンなどで調べられるようになっている。

アニマルウェルフェア認証の商品

アニマルウェルフェアを考えて飼育したことを認証された家畜からつくられた商品に、マークがつけられる。まだ商品は少ないが、広く知られていくことが期待されている。

平飼い卵

自由に動きまわれる平飼いで飼育されたニワトリは、のびのびとくらすことができる。このような平飼いのニワトリから生産された卵も売られている。

JGAP商品

JGAPとは、環境やはたらく人のことを考えた農業をおこなっている農場や農産物を認証する制度のこと。最近は、認証を受けた農産物が販売されるようになった。

ＪＧＡＰってなんだろう？

食品の安全や環境を考えているかどうか、はたらく人たちが安全かどうかなどを評価し、一定の基準に達している農場や農産物を認証する国際的な認証制度に、ＧＡＰ認証があります。この認証制度をもとに、日本独自の基準を定めた認証制度がＪＧＡＰ認証です。ＪＧＡＰでは、アニマルウェルフェアへの取り組み、農薬や肥料の管理、はたらく人の安全や福祉に対する配慮などが評価されます。

動物にやさしく

家畜を、アニマルウェルフェアの考えにもとづいた快適な環境で飼育したり、輸送したりする。

環境にやさしく

農場やそのまわりの環境への影響を調べたり、有害物質が出ないように工夫したりする。

はたらく人にやさしく

けがや事故に注意したり、労働時間を適切にしたり、はたらく人の健康に気をつけたりする。

ＪGAP認証のマーク

認証農場であることをしめすマーク（左）や、認証農場から出荷された畜産物を使用していることをしめすマーク（右）などがある。

肉を食べないという選択もできる

どんなに努力をしても、肉を生産するときに生じる環境への影響をゼロにすることはできません。そのため、肉を食べる回数を減らす、または、肉を食べないというくらしかたを選んでいる人たちもいます。そのような人たちをビーガン、ベジタリアンなどとよびます。

ビーガンは、植物と植物からつくられたものしか食べない人たちで、完全菜食主義者ともよばれます。いっぽう、ベジタリアンはビーガンと同じように植物が中心ですが、卵や牛乳、魚などは食べる人をさします。

また、近年は食品メーカーなどが中心となって、植物を原料とした代替肉の研究も進められています。

代替肉を使った料理

技術の進歩により、最近は味が本物の肉とほとんど変わらない代替肉も登場し、すでに代替肉を使ったハンバーガーなどが商品化されている。

命に感謝して「いただく」

いろいろな命に感謝する「いただきます」

人間は、肉や魚、穀物、野菜など、さまざまなものを食べて生きています。つまり、ほかの生き物の命を食べなければ生きていくことができないのです。

わたしたち日本人は、ごはんを食べるときに「いただきます」といいます。これは、つくってくれた人に感謝をするとともに、材料となったさまざまな命に感謝をすることばです。生き物たちの命をむだにしないためにも、できるだけのこさず食べるようにしたいものです。

さまざまな命に感謝して食べれば、自然と食べのこしが少なくなる。

もったいない食品ロス

食べのこしたり、消費期限や賞味期限が切れたりしてすてられる食品を、食品ロスといいます。日本の食品ロスは年間 600 万 t にもなり、ひとりが 1 日に 130 g、年間 47kg もすてている計算になります。これは飢えに苦しむ人びとに向けた世界の食料援助量の 1.4 倍の量です。

食品ロスが発生する原因のひとつに、食品を売る側が「少しぐらいロスが出てもかまわない」という考えをもっていることがあげられます。食品ロスを減らすためには、わたしたち消費者の側も、冷蔵庫にある食材をのこさない、期限が近いものから買う、料理の食べのこしを減らすなど、意識や行動を変えていく必要があります。

わたしたちにできること

期限の近い順に買う

食品を買うときは、食事の予定を考えて、期限の近いものから買うと、すてられる食品が減る。

食べられる量を注文する

外食のときは、食べられる量だけを注文し、食べのこしをしないようにすると、すてられる料理が減る。

生産の工程を知ることも大切

生き物の命を食べているわたしたちにとって、生き物がどのような工程をへて食べ物になるかを知ることは、とても大切なことです。命のある牛やブタが、屠殺や解体をへて、商品となって店頭にならんでいることに気づかない人もおおぜいいます。しかし、それらを知ることで、わたしたちのくらしが生き物の命の上に成り立っているという事実を、より意識し、実感することができます。

家畜の飼育を見学する

家畜を飼育するようすを見学することで、家畜がどのような環境でくらしているのかを知ることができる。家畜改良センターや牧場は、予約をすれば見学することもできる。

加工するところを見学する

家畜を解体している食肉センターのほか、解体施設や肉の検査をおこなう食肉衛生検査所は、予約をすれば肉の解体現場を見学することもできる。

鳥取県食肉センターを見学するようす。ここでは、生産者や農業大学の学生など、畜産にかかわる人に加工の工程を説明している（鳥取県食肉センターは、一般の人は見学できません）。

食肉センターの職員

食肉センターで、牛やブタの屠殺・解体・検査をおこなう。食肉センターでは、牛なら1日あたり数十頭の屠殺・解体がおこなわれる。

考えてみよう

食品ロスを減らすために、どんなことができるかな？
生き物の命をいただくことについて話し合ってみよう。

酪農で学ぶ食や仕事、命

牧場では、乳牛やブタ、ニワトリなど、命をもった動物が飼育されています。そして、それらの動物を育て、牛乳や肉などを生産することを仕事とする人たちがはたらいています。近年、教育の場として開放された牧場などで、酪農体験をとおして「食や仕事、命の大切さ」を学ぶための「酪農教育ファーム活動」が広がっています。

学校の授業で牧場をたずねたり、学校に酪農家や乳牛をまねいたりして、酪農の作業を体験したり、仕事の苦労や楽しさについて話を聞いたりします。体験したことでわかったことや感じたことをクラスで話し合うことで、食や仕事、命についての理解を深めることができます。

乳牛にふれる

実際に乳牛にふれ、大きさやあたたかさを感じ、命をもっていることを実感する。

乳牛について学ぶ

乳牛の体のつくりや、牛乳は、子牛が飲むものを人間がわけてもらっていること、乳牛も最終的には肉として食べることなどを学ぶ。

飼育を体験する

家畜の世話をするなど、酪農の仕事を体験し、命を育てる仕事であることを感じる。

食について学ぶ

牛乳と生クリームからバターをつくるなど、自分たちの食べているものと酪農とのつながりを学ぶ。

スーパーマーケットから
帰ってきたメイたち
テレビでも
見ようかな
ピッ

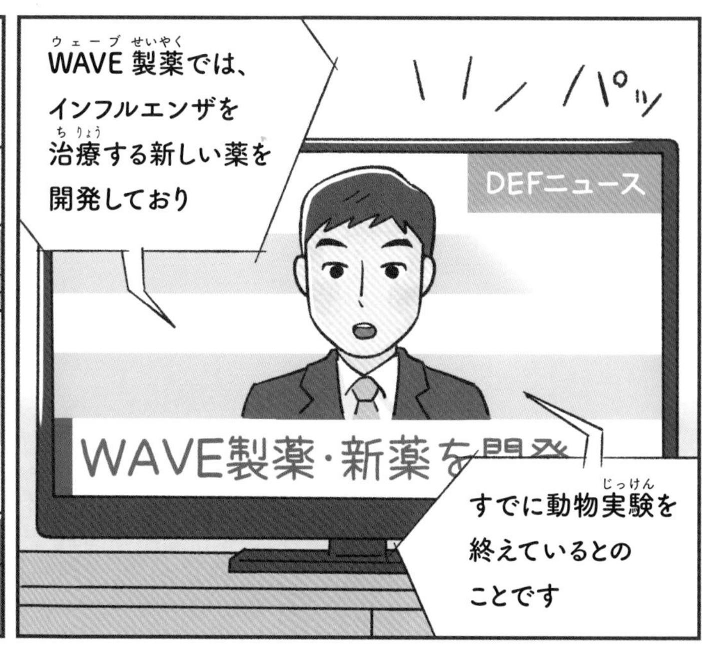
WAVE製薬では、
インフルエンザを
治療する新しい薬を
開発しており
パッ
DEFニュース
WAVE製薬・新薬を開発
すでに動物実験を
終えているとの
ことです

マウスに治療薬を
あたえた結果…
DEFニュース
WAVE製薬・新薬を開発
ネズミだ！
ねぇ、なんで動物に
薬をあたえているの？
新しい薬は、
いきなり人に
使えないんだよ

薬がきいているか、
安全かどうか、
まずは動物にあたえて、
確かめるんだよ
えぇ!?
じゃあ、実験で動物が
死んじゃうことも
あるの？

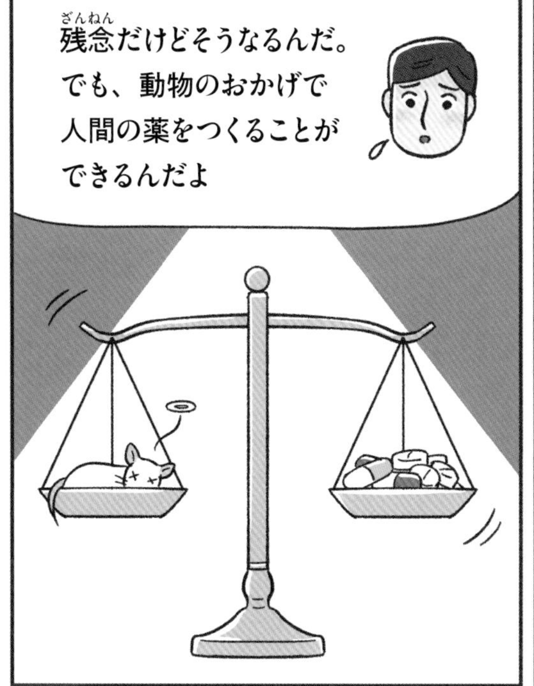
残念だけどそうなるんだ。
でも、動物のおかげで
人間の薬をつくることが
できるんだよ

むずかしい問題だよね
…メイはどう思う？
わたしは…

「食べる」以外に
動物の命が利用されて
いたなんて知らなかった
かわいそうだけど、
仕方ないのかな…

3 さまざまに利用される動物の命

実験に利用される動物

医学のために利用される

新しい薬や病気の治療方法などを開発するとき、どのような効果があり、どのような副作用があるかなどを、人間で調べる前に、まず動物で調べます。動物で得られた結果が、人間にもあてはまる可能性があるためです。このように、動物でおこなわれる実験を、動物実験といいます。医学や獣医学の発展は、動物実験にささえられてきました。

動物実験に使われる動物は、実験用に飼育されているものがほとんどです。実験は、できるだけいたみをともなわないようにおこなわれ、実験が終わったあとは、すみやかに安楽死させられます。研究者たちは、つねに動物たちに感謝しながら、実験をおこなっています。

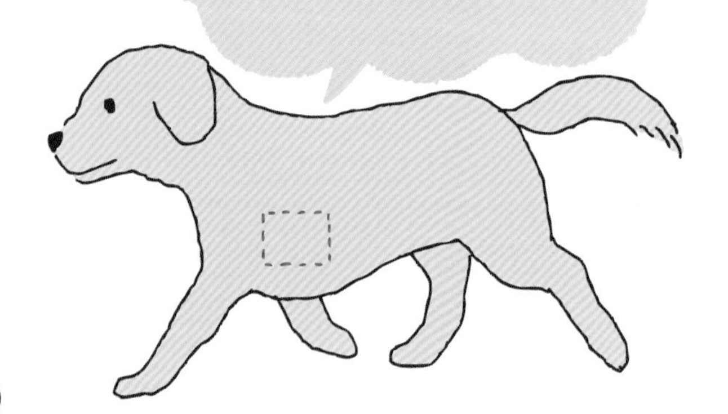

動物の利用を減らすために

動物実験は、動物にとってはかわいそうなことですが、医学や獣医学の発展にかかせないものであることから、ゼロにすることはできません。しかし、実験に使われる動物の数を減らしたり、動物の苦痛をやわらげたりすることはできます。そのために、動物福祉、倫理上の観点から、動物実験にかんして下のような「3R」がとなえられています。

日本では、「動物愛護管理法」に、この考えがもりこまれていると同時に、3Rにのっとった動物実験がおこなわれているかどうかを審査する組織がもうけられています。今後、この考えにもとづき、不要な動物実験がさらに減ることが期待されています。

マウスに注射をするのではなく…。

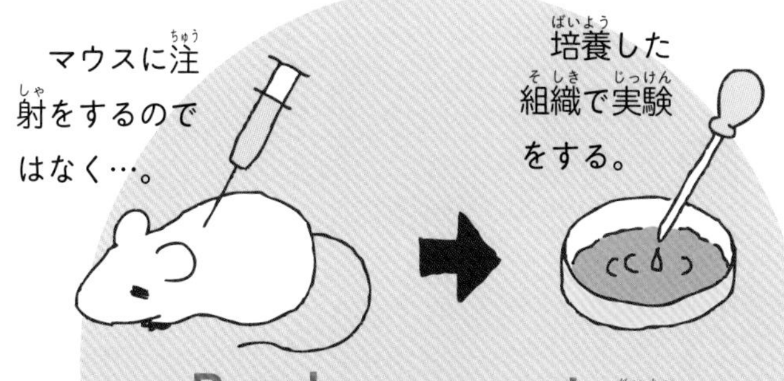

培養した組織で実験をする。

Replacement（代替）

動物そのもののかわりに、培養した組織を使うなど、できるだけ動物以外のものを使う方法で実験をおこなう。

考えてみよう

この先もずっと動物実験は必要なのかな？　3Rを実現するために、わたしたち人間はどんなことができるかな？

3R

今まではたくさんの動物が必要だったが…。

少ない数ですむようにする。

Reduction（削減）

実験に使われる動物の数をできるだけ少なくし、動物を適切に利用する。

適切な気温や湿度、明るさ、きれいな空気のもとで飼育する。

Refinement（苦痛軽減）

動物の飼育環境をできるだけ快適にし、実験中の苦痛を少なくするとともに、実験後は苦痛が長引かないように安楽死させる。

化粧品や食品の開発に利用される動物

化粧品の成分を実験する

　化粧品には、さまざまな成分が入っています。そのため、開発する段階で、その化粧品が人間の体に入ったときにどのような影響をおよぼすのかを調べるため、動物実験がおこなわれます。

　一般的に化粧品として売られている商品には、成分のちがいによって「化粧品」と「医薬部外品」があります。医薬部外品には、あせもや体臭など特定の症状に効果がある成分がふくまれています。2001年の法律改正により、化粧品の開発に動物実験は必要なくなりました。しかし、新しい成分を入れた医薬部外品を開発するには、まだ動物実験が必要とされています。

化粧品開発の動物実験

　化粧品の開発には、ウサギやモルモットが使用されてきた。しかし、実験結果にばらつきもあるため、近年では動物実験をしない方法も開発されている。また、実験をおこなうときは、麻酔をかけるなどして、苦痛をやわらげる方法をとっている。

ウサギの目に化粧品の成分を入れて、その成分の安全性を確かめる。

毛をそったウサギの皮ふにクリームをぬり、一定時間後の変化を確かめる。

考えてみよう

　動物実験をして安全性を確かめた成分でつくられた商品と、動物実験をしていないけれど安全と思われる商品とでは、どちらを使いたいかな？　それはどうしてかな？

新しい食品をつくるための実験

特定保健用食品（トクホ）や機能性表示食品といった新しい食品には、脂肪を減らす成分や、筋肉ができるのを助ける成分などがふくまれています。特定保健用食品を商品化するには、これらの成分のデータを集めて、国の審査を受ける必要があります。そのため、長いあいだ、動物実験がおこなわれてきました。機能性表示食品には審査はありませんが、効果を確かめるために、一部で動物実験がおこなわれてきました。

しかし、2020年に国が「動物実験は必ずしも必要ではない」という考えをしめしました。現在は、動物実験をおこなわずに開発する方法が考えられています。

食品開発の動物実験

新しい食品を開発するために、新しい成分の効果を確かめる実験をおこなう。

筋肉がつかれるようすを調べるため、食品をあたえて長時間走らせる実験をおこない、筋肉の変化を確かめる。

ブタに食品を食べさせてようすを観察し、腸のはたらきなどを調べる。

使う人が望まなければ実験はなくなる

近年、世界各国で動物実験に対する反対運動が起きています。そのような意見を受けて、EU（欧州連合）では、2013年に化粧品の開発にかんする動物実験が禁止されました。しかし、日本では今も完全に禁止されてはいません。

化粧品は基本的に、動物実験をしなくても、かわりの方法で開発が可能だといわれています。動物実験をやめるか続けるかを決めるのは開発するメーカーですが、化粧品を購入する側であるわたしたちが反対の声を上げることで、メーカーを動かし、動物実験をなくすことができます。

人工の皮ふを開発

理化学研究所では、人間と同じ組織構造をもつ人工皮ふの開発に成功した（中央部分）。この人工皮ふは、医薬品などの開発でおこなう動物実験のかわりに使うことができるのではないかと期待されている。

人工皮ふ（中央部分）。

インターネットで、動物実験をおこなっていないメーカーを調べることもできるよ

ファッションのために利用される動物

服やバッグに使われている

動物の皮は、しなやかでじょうぶです。また、毛皮はフワフワではだざわりがいいうえ、保温性が高く、とてもあたたかいという特ちょうがあります。そのため、動物の毛皮や皮は、昔から服やくつのほか、身のまわりのものを入れるバッグなどに利用されてきました。

服やくつなどは、体を守るだけでなく、身につける人の見栄えをよくする効果もあります。そのため、わたしたち人間は、ファッションとして見栄えのいい動物の毛皮や皮を、大量に消費するようになりました。

毛皮や皮の消費量が増えたことから、19世紀から20世紀にかけて、毛皮や皮をとるために野生動物が狩猟されたり、毛皮用の動物が大量に飼育されたりするようになりました。しかし、最近はファッションのためだけに動物の毛皮を利用することが問題となっています。

ファッションに使われる動物

わたしたちが身につけるさまざまなものに、動物の毛皮や皮が使われています。牛やブタなど、家畜として肉を利用したあとの皮が利用されているものもありますが、ワニやヘビなどの野生動物は皮をとるために殺されます。

ぼうし・えり・そでなど
・ミンク ・ラビット（ウサギ） ・ビーバーなど

手ぶくろ
・ペッカリー（イノシシに似た動物）
・ムートン（ヒツジの皮）
・シカなど

バッグ
・牛 ・ブタ
・馬 ・ワニなど

コート・ジャケット
・ラム（生後1年以内のヒツジ）
・ホース（馬）
・フォックス（キツネ）
・チンチラなど

くつ・ブーツなど
・牛
・馬
・カンガルー
・ダチョウ
・サメ
・ワニなど

考えてみよう

動物の毛皮や皮を使った製品が、自分の身のまわりにあるかな？　なぜその製品に毛皮や皮が使われているのかな？

皮をとるために飼育されているワニ。

毛皮を使うのをやめたファッションブランド

近年では、技術の進歩によって、すぐれた性質をもったさまざまなせんいや布が開発されるようになりました。1960年代からは毛皮そっくりの素材も本格的に生産されるようになり、この素材をフェイクファーといいます。

フェイクファーは、本物の毛皮より安いため、高級さを大切にする有名ファッションブランドなどには採用されてきませんでした。しかし、毛皮を使うことに対する反対運動がもり上がったことで、動物の毛皮を使うことをやめ、かわりにフェイクファーを使う有名ファッションブランドが増えています。

フェイクファーは、植物性の素材や、アクリルなどの化学せんいからつくられ、本物の毛皮と見た目も効能もほとんど差がなくなっている。

最近は、化学せんいなどからつくられた人工皮革が広く使われている。人工皮革は、安いうえ、軽くてじょうぶという特ちょうがある。

動物の毛皮や皮を使わない未来

動物を殺してとった毛皮や皮を使った製品は、一部の人びとには根強い人気があるため、今も売られ続けています。しかし、人間がファッションのためだけに動物の毛皮や皮を使う未来を望まない人もいます。

毛皮や皮を使わない未来を選ぶなら、わたしたちにもできることがあります。それは、野生動物や毛皮専用に繁殖した動物からつくられた毛皮製品や革製品を買わないということです。いっぽうで、すでにもっている場合は、ずっと大事に使い続けることも大切です。

フェイクファー、
もこもこしていてあたたかい!

軽くてじょうぶなランドセル

かつてランドセルには、牛の皮（牛革）が使われていましたが、50年ほど前に人工皮革のランドセルが登場しました。人工皮革は安いうえ、軽くて、手入れもかんたんです。そのため、人工皮革のランドセルは、今ではランドセル全体の約70%をしめているといわれています。

ランドセルに使われる人工皮革は、牛革とくらべると耐久性は下がるが、水に強く、カラーが豊富で、型くずれがしにくいという特ちょうもある。

人のくらしにかかせない動物

人間のパートナーとして

動物は、食べるための肉や動物実験、ファッションなど、さまざまな分野でわたしたち人間に利用されています。わたしたちにとって、命をうばいながら動物を利用することは、さけられないことであるといえます。

だから、どのように利用するとしても、動物たちの命をうやまい、大切にすることをわすれずにいたいものです。動物はわたしたちのパートナーとして、ともにくらしてくれているのです。

くらしに利用する

わたしたちは、動物を農作業などのさまざまな仕事に利用したり、移動手段として使ったりしています。また、肉や牛乳、卵などを食べたり、毛皮や皮を服や道具などに利用したりしています。

ともにくらす

わたしたちは、ペットを家族の一員のように思っています。また、盲導犬や警察犬として、人間の安全なくらしを守るために力をかしてもらっています。

考えてみよう

これらの動物がいなくなったら、わたしたちのくらしはどのように変わってしまうのかな？

楽しむ

わたしたちは、動物園や水族館などで動物を見たり、ふれあったりして、楽しんだり、いやしをあたえてもらったりしています。また、競馬など、動物どうしを競わせて楽しむこともしています。

もっと読みたい人へ

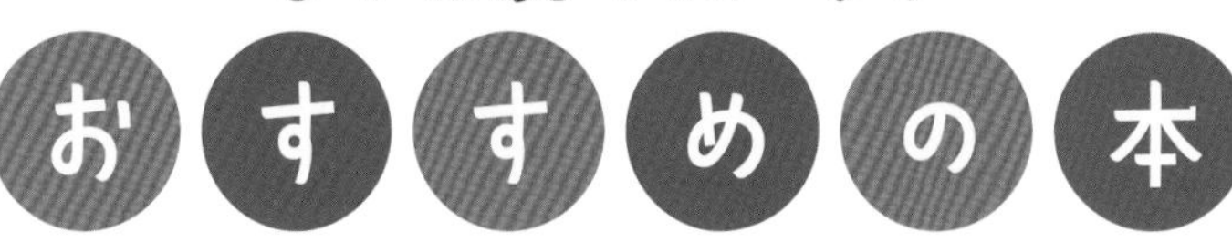

農業の発明発見物語4

食肉の物語

小泉光久 著／大同久明 監修

（大月書店）

野生動物を狩っていた人間が牧畜を始め、家畜を品種改良し…。人間と家畜の歴史をたどります。

ゼロから理解する食肉の基本

西村敏英 監修

（誠文堂新光社）

わたしたちが食べる肉がどのようにつくられるのか、どのように流通するのか解き明かします。

銀の匙 Silver Spoon

荒川弘 著

（小学館）

大自然にかこまれた大蝦夷農業高校で畜産を学ぶ高校生たちの青春物語です。全15巻。

きみの家にも牛がいる

小森香折 著／中川洋典 絵

（解放出版社）

牛乳や肉、革製品…。さまざまな形で、わたしたちのそばに牛がいます。人間と牛のかかわりについての絵本です。

牛もしあわせ! おれもしあわせ!

しあわせの牛乳

佐藤慧 著／安田菜津紀 写真

（ポプラ社）

本書で紹介しているなかほら牧場の物語。山地酪農が完成するまでのノンフィクションです。

実験犬シロのねがい

井上夕香 著／葉祥明 絵

（ハート出版）

ある国立病院の実験施設に買われてきたシロ。実験動物として生き、救出されるまでの一生を知ってください。

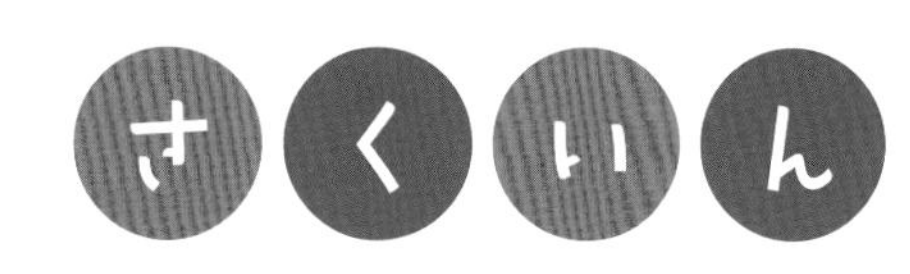

あ行

か行

さ行

た行

な行

は行

ま行

や行

ら行

わ行

監修 **谷田 創**（たにだ はじめ）

広島大学大学院統合生命科学研究科教授、「ヒトと動物の関係学会」事務局長

人間動物関係学、動物介在教育学、動物行動学、動物福祉学。1987 年米国オレゴン州立大学大学院農学研究科で博士号（Ph.D.）取得、麻布大学獣医学部助手、広島大学生物生産学部助教授を経て現職。著書に『保育者と教師のための動物介在教育入門』（岩波書店）、共著に『ペットと社会（ヒトと動物の関係学３）』（岩波書店）、『海と大地の恵みのサイエンス』（共立出版）など。

イラスト	小川かりん（6 ~ 9 ページ、23 ページ、37 ページ）
	ニシハマカオリ（表紙、10 ~ 22 ページ）
	松本奈緒美（24 ~ 35 ページ）
	ひらのあすみ（38 ~ 45 ページ）
取材協力	なかほら牧場、一般社団法人中央酪農会議
写真協力	株式会社コーンズ・エージー、株式会社フレッズ、淡路島牛乳株式会社、鹿児島くみあいチキンフーズ、有限会社新延孵化場、町村農場、有限会社グリーンファーム久住、ポークランドグループ、株式会社益田大動物診療所、ワールド牧場、東日本産直ビーフ研究会、一般社団法人アニマルウェルフェア畜産協会、クリーマリー農夢、旭川市、株式会社ナリタヤ、一般社団法人日本 GAP 協会、株式会社アーク、鳥取県立農業大学校、理化学研究所（掲載順） PIXTA、photolibrary、123RF
執筆協力	山内ススム
ブックデザイン	阿部美樹子
校正	くすのき舎
編集	株式会社 童夢

動物はわたしたちの大切なパートナー

②命を生産・利用する —家畜の命を考える—

2021 年 12 月 16 日　第 1 版第 1 刷発行

発行所　WAVE 出版
〒102-0074
東京都千代田区九段南 3-9-12
TEL　03-3261-3713
FAX　03-3261-3823
振替　00100-7-366376
E-mail　info@wave-publishers.co.jp
http://www.wave-publishers.co.jp
印刷･製本　図書印刷株式会社

NDC 481 47P 29cm ISBN 978-4-86621-372-9